李安的数学冒险

二十以下的数

快乐地学数学

面对当今高科技的数字化时代，数学素养是创新型人才的必备素养。

数学学科是一门符号性质的抽象学科，是思维的体操，因此"爱学"、"会学"数学应该是培育数学素养的主要渠道。三到十岁的孩子正处于以具体形象思维为主导逐步转向以抽象思维为主导形式的阶段，在面对他们时，如何才能让他们快乐的学数学、为数学素养打下基础呢？近期我阅读到一套科普漫画《李安的数学冒险》，作者对这套书的架构和表述形式有一定的新意，并且本书也对培养孩子的数学素养有很好的促进作用。

首先，这套书采用的卡通漫画的形式，并且在富有挑战性故事中自然的插入这个年龄阶段该学的数学知识和概念。好奇心是孩子与生俱来的心理素养，孩子们对世界充满好奇，喜欢挑战、喜欢卡通人物以及他们的故事，所以这套书地形式和内容是符合这个年龄段孩子的心理需要的，因此这样的学习是快乐的。快乐的情绪就能产生"爱学"的行为，有了爱学数学的行为就有了主动学习数学的内驱力。

其次，本套书在数学知识的呈现上，可以较好地把孩子学习过程中使用的三种表征即动作表征、形象表征、符合表征和谐的结合起来。如《李安的数学冒险——加法和加法》这册书中关于学习进位加法这部分内容，从生活情境出发，从取盘子这件小事儿入手。书中人物先取了 29 个盘子，后又要取 7 个盘子，问一共取了多少盘子。本书在解答这个问题时层层递进，先把实际问题转化成模型，用模型表示 29 和 7 这两个数字，之后再引入数学符号 $\begin{smallmatrix}29\\+\ 7\end{smallmatrix}$，这样的知识建构是符合这个年龄阶段孩子的认知规律的。

最后本套书能够注意在知识学习中渗透思维发展，让孩子在计算中学会思考，如《李安的数学冒险——加法和加法》这册书中关于进位加法的学习，在解答问题之前，先展示了孩子在学这部分知识时会出现的普遍性错误，如：

$$\begin{array}{r}29\\+7\\\hline 99\end{array}\qquad\begin{array}{r}29\\+\ 7\\\hline 16\end{array}\qquad\begin{array}{r}29\\+\ 7\\\hline 216\end{array}$$

让孩子在判断正误时想一想、说一说，从中学会数位、数值的一些基本概念，并再用模型验证进位的过程。

孩子在这样的学习过程中可以学会独立思考，学会思考是数学素养的核心素养也是教育者送给孩子最好的礼物。

张梅玲

张梅玲，中国科学院心理所研究员

著名教育心理学家

长期从事儿童数学认知发展的研究

⚙ 人物介绍

李安（10岁）

现实世界的平凡学生，
喜欢与魔幻有关的小说、
游戏、漫画、电影，
不喜欢数学。

武器：悠悠球。

爱丽丝（7岁）

魔幻世界的公主。
富有好奇心。

武器：魔法棒。

菲利普（10岁）

魔幻世界的贵族，
计算能力出众。
剑术和魔法也比
同龄人强。

武器：剑。

诺米（10岁）

喜欢冒险、
活泼开朗的精灵族。
图形知识丰富。
使用图形魔法。

武器：弓。

帕维尔（10岁）

矮人族，擅长测量相关的数学知识。

武器：斧头，锤子。

吉利（13岁）

能变身为树木的芙萝族，学过所有的数学基础知识和魔法。

武器：琵琶。

沃尔特（33岁）

奥尼斯王宫的近卫队长，数学和魔法能力出众。擅长使用机器，为爱丽丝制造了一个机器人。

纳姆特

沃尔特为了保护爱丽丝而制造的机器人。

被李安击中之后成为奇怪的机器人。

本书中的黑恶势力

佩西亚

找到了"浑沌的魔杖"想要称王的叛徒。为了抢夺智慧之星，他一直在追捕李安和爱丽丝

武器：浑沌的魔杖。

西鲁克

佩西亚的忠诚属下，也是沃尔特的老乡。由于比不过沃尔特，总是排"老二"。所以他对沃尔特感到嫉妒和愤怒。

达尔干

奥尼斯领主德奥勒的亲信，但其实是佩西亚的忠诚属下。作为佩西亚的情报员，向佩西亚转达《光明之书》的秘密。

奴里麻斯

佩西亚的唯一的亲属，是佩西亚的侄子。从小在佩西亚的身边长大，盲目听从佩西亚。

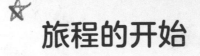

旅程的开始

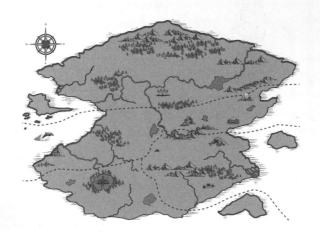

李安在现实世界是个不喜欢数学的平凡少年。

有一天，李安在博物馆里发现了一本书并连同书一起卷入了魔幻世界。

在魔幻世界，恶棍佩西亚占领了和平的特纳乐王国。

佩西亚用混沌的魔杖消除了世界上所有的数学知识。

没有了数学的魔幻世界陷入一片混乱。

沃尔特和爱丽丝好不容易逃出了王宫。

李安遇上沃尔特和爱丽丝，开始了冒险之旅……

目 录

1. 村子的变化

是谁?

我得去学校!

你看，菲利普哥哥给我的礼物。

里面装了什么？

现在打开看看。

其实这东西算不上珍贵。

哇啊！是车厘子。

车厘子在超市多得是……

超市？那是什么？

没什么啦。

我得走了。

好的。

这么快就要走？

我们去一趟村子。

村子么？

有东西需要买。

呀啊！去逛村子啦。

里面有多少车厘子？

好像有很多。

不觉得袋子有点小吗？

是吗？

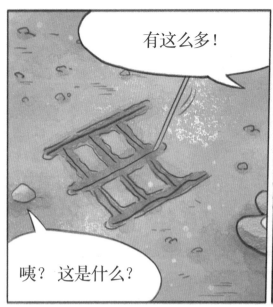

李安你是从哪里学到数学的？

在学校里学的呀。

是个魔法学校吗？

不是魔法学校啦。

知道了。我们先去村子看看。

好开心！

我把车厘子放在里头了。

我也把包放起来。

那爷爷还在啊。

是谁呀？

是个发魔法气球的爷爷。

魔法气球？

我也要！

啊！爱丽丝！

爷爷，我也要！

你是谁？

什么？

哈哈！你们这样一来，我没法分给你们啊。

我先要的！

不是！是我。

我才是先来的！

不能这样。应该要排队。

什么叫排队？

排队？

按照到此的先后顺序排成一队。

谁先来的？

爱丽丝来得最晚，对吧？

我来得最早。

嗯。是的。

这么一排队，就能够按照约定的顺序得到气球了。

什么叫约定的顺序？

刚才不是教你数到5的方法了嘛。

啊，那么最前面的孩子编号是1，接下来是2、3、4。

然后，我的编号就是5，对吧？

按顺序可以读成

哇！是我喜欢的龙的形状。

第一　第二　第三　第四　第五

我的是树的形状。

哇！我的是花的形状。

挺好的。

现在该买点吃的了。

买什么呢？

那边有面包店。

面包店

哼！就是个面包……又不是三明治！

······

什么叫三明治？

面包中间夹上肉和蔬菜……

希望好吃的面包多得到处都是。

阿姨，我想买面包。

这里有很多面包，随你挑吧。

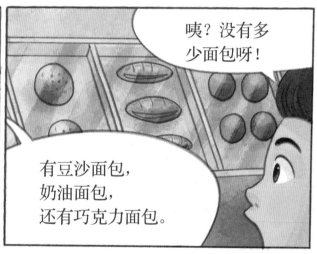

咦？没有多少面包呀！

有豆沙面包，奶油面包，还有巧克力面包。

豆沙面包有2个，奶油面包有3个，巧克力面包有4个。

而且比三个多一个就是四个，比3多1就是4了。

呃？比三个少一个就是两个，就是说比3少1就是2吧？

对了。
而且比 2 少 1 就是 1，
多 1 就是 3。

啊哈！
那么比 4 少 1 就是 3，
比 4 多 1 就是 5 吧！

爱丽丝你学
数学真快。

咦？
这属于数学知识？

刚学的从 1 到 5 的
数字是数学，

按照顺序排队
也是数学。

你们到底
买不买面包？

哈哈，我学到
数学知识了！

我要买这里
所有的面包。

李安，
怎么了？

刚才大妈不会
计算面包价格。

衣服店老板也
不会算价格……

这个村子本
来就这样吗？

以前的乐布拿可
不是这样的。

好像发生
了什么事。

我得去见一见熟人
打听一下。跟我来吧。

好。

呃！什么！

这里有很多牛奶！
你随意挑吧。

只有2瓶，
怎么算多！

嗯，
你要买多少，
就在这里装吧。

只能都买下来了。

咦？

你在看什么？

牛奶都没有了。

能用数字表示什么都没有的状态吗？

啊？这就要写成"0"，念成"líng"。

2
èr

1
yī

0
líng

嘻嘻！这样啊。

牛奶多少钱？

牛奶是多少钱来着？

难道不会计算牛奶价格？

搞不懂。

啊！就这些吧！

你有多少个曲奇？

哥哥不也有嘛！

如果我更多的话，可以再分给你一些啦。

真的吗？

要不数数看？

是多少个？多吗？

呃……

怎么了？很多吗？

比五个多一个的数字叫什么呢？

对了，你就学到了5吧？

那么哥哥和我同样有9个，对吧？

对呀。分别装了9个曲奇。

现在该回家了。

叔叔！我又学到数学知识了。

这样啊。这也是李安教的吗？

是。

李安，难道你会魔法吗？

不会！当然不会！

2. 机器人工厂的工人们

那再见了。

你们也再见。

再见！

再见。

对了，那个叔叔是谁？

是我小时候在魔法学校里工作的叔叔。

那么，那个叔叔也学过魔法吗？

是的。

我也想赶快开始学魔法。

我就想吃点儿饭。

那位叔叔还记得数学知识。

现在患者都看完了，该给人家发药了。

按照号码牌顺序发就可以吧？

对。

我来发药，你先休息一下。

是1号吧？来这里拿药吧。

谢谢。

接下来是2号吧？请拿好药。

好好。谢谢。

患者都是机器人工厂的员工吗。

对。

工厂的员工平时受伤的多吗？

不。从来没有这样。

工厂里好像发生什么事了。

我应该去一趟。

哎呀呀！差点忘了。

怎么了？

2楼住院的患者都过了吃药的点儿。

那就是该发药了吧。

不是。这里的患者去洗手间了。

这个患者的药也需要拿过来。

比6个多1个就是7。

拿7粒药就对了吧？

是的。对了。

真聪明。他们是你的孩子吗？

不是！

啊……不是。

他们为什么都吃同样的药？

是所有患者都能吃的魔法药。

这里也是病房。

这样啊。

这里的阿姨也需要药吧？

是的。

一共是6个人吧？
我去拿6粒药。

孩子，我马上回家了。
不用拿我的药了。

?

比6个少1个就是5。

拿5粒药就对了。

你还真起劲！激动什么！

大夫也是魔法师吧？

是很久以前的事了。

难道你也不记得数学知识吗？

并不是。都记得呀。

好的，我得走了。

再见。

以前不是这样的吗？

乐布拿之前是个非常幸福的村子。

这都是因为佩西亚！

!!!

咦？哥哥怎么认识佩西亚叔叔？

我梦见了他。那坏叔叔真是……

李安，你跟我单独谈会儿话。

在王宫里我可没有见过你。

到底你是谁？

我就是个学生。

难不成是佩西亚派来的？

才不是呢！我也不喜欢那个叔叔！

机器人工厂的工人们　49

哥哥不是饿了嘛！

这个孩子比我还小呢。

你不愧是个哥哥！

啊，哪里啊！

这孩子确实不坏……

咦！你看那里！

什么？

哇！好漂亮。

我之前真想买这样的……

你买呀。

买哪一个呢？哪一个好呢？咦？咦？

我才不关心这些。

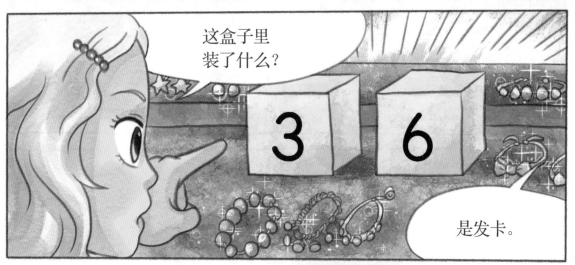

这盒子里装了什么？

是发卡。

为什么装到盒子里卖？

发卡太小，一般不单个卖。

我想要这个发卡。

能不能赶紧随便挑一个？

有两个盒子，到底买哪一个？

两个盒子里的发卡一模一样。

你需要很多发卡吗？

不，就要一点儿。

那么买这一盒应该够了。

都不打开看一看。你怎么知道的？

3. 生命之石

赶快进工厂看看。

还有机器人。

都不正常了。

好像出问题了。

到底发生了什么事？

我也不知道。

机器人好像都坏了。

乱七八糟的。

沃尔特，是你的孩子吗？

这……这倒不是。

机器人都没有什么问题。

它们怎么会这样？

是员工的问题。

这……这是什么意思？

生命之石　63

难道你们会魔法？

是的。

总之，不能工作的员工都打发回去了。

受伤的员工就送到医院了。

是。在村子里看到了。

我们不能对机器人置之不理。

对的。

要怎么办呢？

机器人都装有"生命之石"。

拿掉"生命之石"就会停止工作。

原来是这样。

好神奇！

该找下一个了！

生命之石到底在哪里？

又怎么了？

我们去看看。

我来负责5个机器人，你来处理3个机器人。

分别处理4个更好吧。

叔叔，你们又怎么了？

你都已经干完了？

是的。都做完了。

那么这些机器人也由你来处理吧。

这些叔叔真搞笑。

哇！要疯掉了。

这下把4个和4个
放在一起就成8个了。

没办法了。
我来找"生命之石"。

哥哥……
可是……

这些机器
人有点可怕。

真的是
有点可怕……

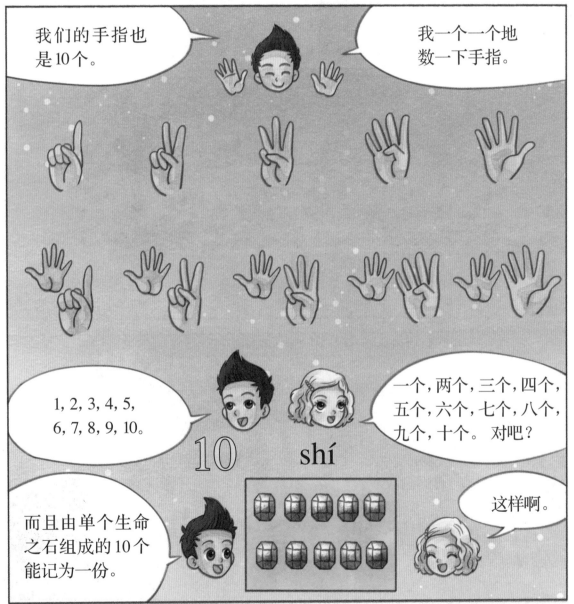

那我来组装吧！

你现在要干吗？

这个机器人好棒！

这个好像还没组装好呢？

我要用魔法，让它动起来。

又是魔……魔法？

机器人！动起来！

别这样！

啪

怎么回事？

咦？

看上去很正常？

难道我魔法使错了？

不可能这样啊。

要不再来？

哗啦啦
掉下

呃！

就是说呀！

好像听到什么声音?

啊!

是叔叔来了吧。

里面有人吗?

会不会挨骂?

要不赶紧收拾?

你们在那里干吗?

您……您来了?

啊?

那里的机器人怎么了?

对……对不起。

咦?怎么弄的?

我本想用魔法。可是……

呵呵。没关系。这些机器人反正也要重新做的。

怎么想到用魔法呀？

我原本是想跟机器人玩一玩。

原来你想要一个机器人。

其实我们需要一个机器人。

我能把零件给你。

真的吗？

可是我没法给你组装。

只要有零件我能在家组装。

嘻嘻！好开心！

我家也有机器人吸尘器！

咦？这是什么？

是从机器身上取摘出来的"生命之石"。

你还取出很多呀。

比10大1的数字该怎么表达？

比10大1个的数字该怎么表达？

爱丽丝！你在干吗？

我不知道比10个多的数字该怎么数。

	写	11
	读	shí yī

	写	12
	读	shí èr

	写	13
	读	shí sān

	写	14
	读	shí sì

	写	15
	读	shí wǔ

	写	16
	读	shí liù

	写	17
	读	shí qī

	写	18
	读	shí bā

	写	19
	读	shí jiǔ

4. 纳姆特诞生

12号？这个机器人太胖了。

14号太小。

13号！这个机器人刚好。

这看上去很不听话……

工厂经理大人，我们要拿这部机器人。

好的。

现在该把其他东西也配好。

我也要去。

这些都什么呢？

是组装机器人时需要的零件。

要拿哪些呢？

要拿做胳膊和腿的材料。

可是你为什么需要机器人？

当然是为了爱丽丝。

是为了我？

要它做家务，而且陪爱丽丝玩。

我可以陪她玩呢……

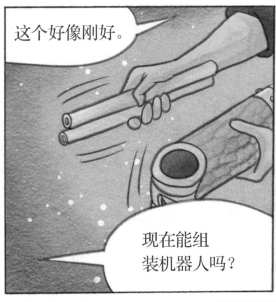

这个好像刚好。

现在能组装机器人吗？

到家组装就行了。

真的是能在家组装吗？

我房子旁边的小楼就是工作坊。能在那儿组装。

那我们赶紧回去。

我们把机器人和零件都装进去。

对了！我把机器人的号码给忘了。

再查看一下就是了。

是几号呢？

这里胖胖的机器人是12号。

而且这里小小的机器人是14号。

那么你挑的机器人会是几号？

哪个盒子的"生命之石"更多？

这个嘛······
就这样看一看
确实有点不清楚。

我们拿出来数一数吧。

那么10个就记一份吧。

我数这份。

那我就数这份。

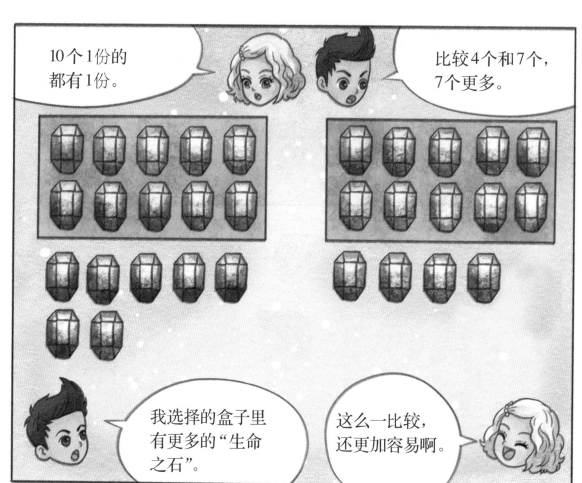

16和19的左边1都表示10个的1份对吧?

16 田地里工作的机器人

19 做家务的机器人

右边的6和9表示单个的数量。

由于6比9少,16比19少。

16 田地里工作的机器人

19 做家务的机器人

对。可以说,做家务的机器人制作得更多。

而且16比19小。

19比16要大。

嗯。

比较两个数字的大小,就能用 16 < 19 表达。

16 田地里工作的机器人

< 19 做家务的机器人

这样呀。

反正今天不能生产机器人了。

对，走吧。

哇！这里是干什么的地方？

是保管零件的地方。

都是用于生产机器人的吗？

是的。

种类真是繁多。

模样也很神奇。

那么这里写好的数字是什么？

头 12 躯干 14 胳膊和腿 8

是生产机器人时需要的零件数量。

头是 12，
躯干是 14，
胳膊和腿是 8 ？

比较三个数字的大小该怎么办？

先两个两个地作比较。

那先比较 12 和 14 的大小。

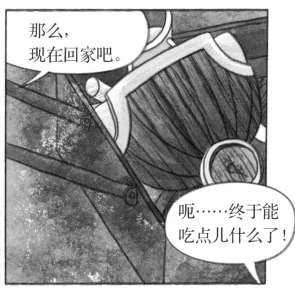

叔叔，"生命之石"是怎么做出来的？

不是做出来。打败怪兽或者挖矿石的时候就能得到。

做机器人的时候才会使用吗？

不一定是。

晚上点灯的时候也可以用，在生活当中的各处都可以灵活使用。

啊！就是说，这是能量！

能量？那是什么？

能给我一个"生命之石"吗？

你要干吗？

想放到我的悠悠球里！

悠悠球？

到家就会知道的。

知道了。

纳姆特诞生　107

啊啊！真觉得得救了！

我也是要撑死了！

吃得太饱，没法动。

哥哥的肚子太搞笑了！

下次能吃面包以外的东西吗？

村子跟平时相比完全不一样，买到面包已经很不错了。

想吃炸鸡或比萨。

那是什么？吃的吗？

想回家呀……呼呜……

回家的路给忘了吗？

不认识路，
也不知道方法。

很远吗？

咦？

上一次你是怎么从
那个树林回来的？

拿着那奇怪的书进入
魔幻体验馆……

哥哥太古怪了！
一点儿都听不懂！

咳！

好像来自奇怪的
国家！嘿嘿。

哎呀，
疼啊！

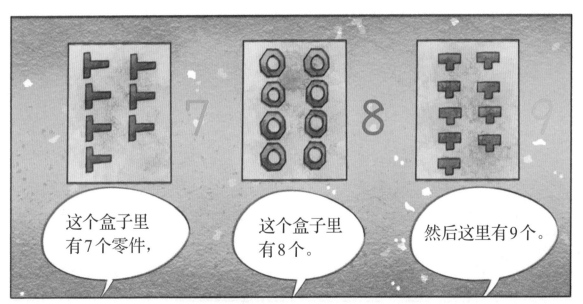

啊哈!
还要多久?

打哈欠

再做一会
儿就结束了。

这怎么放
不进去!

哥哥,
还要多久?

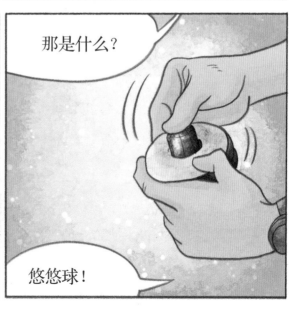

那是什么?

悠悠球!

是玩具吗?

才不是玩具呢!很久以前是用来打猎的东西!

那么,哥哥也用来打猎吗?

不,就是无聊的时候拿着玩一玩。

就是玩具啊。

哎!

爱丽丝,你到来这儿来吧。

怎么了?

现在好了,要给机器人起个名字。

做完了?

要不你来起名?

真的可以起名吗?

该怎么叫呢?

什么才好?

名字一定
要好记!

纳姆特!纳姆
特怎么样?

啊!我也搞定了!

只要你喜欢
就是了。

現在要不试试看看？

现在把这个"生命之石"放进去，就会动起来。

那赶紧塞进去。

"生命之石"都放进去了，应该会有光亮吧？

要不插进去？

嗯，快点快点。

要不投投看？

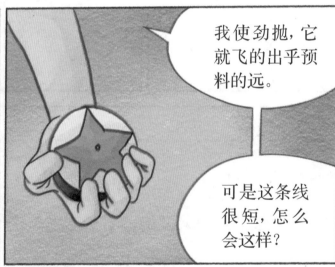

练习

二十以下的数

书写并念出从1到5的数字

漫画中的数学故事

菲利普哥哥送的车厘子一共是五个。

现在数一数有多少个车厘子？

车厘子一共是5个！

小结

数东西可以写1、2、3、4、5，念成 yī、èr、sān、sì、wū。

		写		读	
🍐	/	1	1	一	yī
🍐🍐	//	2	2	二	èr
🍎🍎🍎	///	3	3	三	sān
🍊🍊🍊🍊	////	4	4	四	sì
🍓🍓🍓🍓🍓	/////	5	5	五	wū

练习 ① 下面用 " ╱ " 表示苹果数量错误的是哪一项？

① 🍎 → ╱

② 🍎🍎 → ╱╱

③ 🍎🍎🍎 → ╱╱╱╱

④ 🍎🍎🍎🍎 → ╱╱╱╱

练习 01-1 ▸ 下列选项当中准确书写并读出水果的数量的是哪一项？

① èr –1

② èr –2

③ sān –4

④ sì –3

⑤ wǔ –4

练习 01-2 ▸ 哪一个朋友准确描述了桌子上的东西？

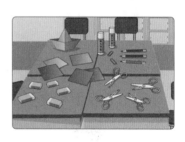

① 李安：有3个胶水。

② 爱丽丝：有4支铅笔。

③ 米卡：彩色纸和橡皮的数量都是5。

④ 周：纸船是1个，胶水是2支，剪刀是3把。

⑤ 布鲁斯：用数字写剪刀的数量是5。

二十以下的数

了解从1到5的数字顺序

漫画中的数学故事

按顺序排队不需要争着要气球。

小结

用数字表示顺序可以依次表示成第一、第二、第三、第四、第五。

第一	第二	第三	第四	第五

练习 **02** 请问爱丽丝跑在第几个？

| 米卡 | 李安 | 爱丽丝 | 周 | 布鲁斯 |

练习 02-1 ▸ 请问下列选项当中准确搭配数字和序数的是哪一项？

① 1, 第二   ② 2, 第一   ③ 3, 第四

④ 4, 第四   ⑤ 5, 第三

练习 02-2 ▸ 孩子们在排队洗手。请看下图并选出说明准确的所有选项。

| 阿万 | 爱丽丝 | 米卡 | 布鲁斯 | 周 |

a. 第一个洗手的孩子是阿万。

b. 爱丽丝能最先洗手。

c. 排在第三个的孩子是米卡。

d. 最晚洗手的是布鲁斯。

① a, b   ② a, c   ③ b, c

④ c, d   ⑤ b, d

了解多1个和少1个的概念

漫画中的数学故事

面包店里有3个奶油面包，红豆面包是比3个少1个的2个，巧克力面包是比3个多1个的4个。

小结

了解多一个和少一个的概念。

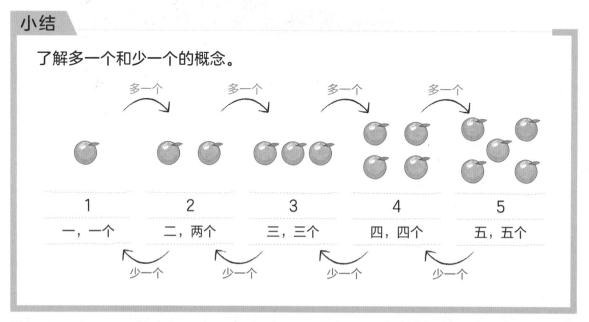

练习 03 请选出比 提示图 多一个的选项。

练习 03-1 在比 提示图 多一个的图片下面画○，少一个的图片下面画△。

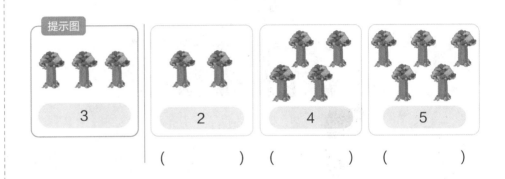

(   )   (   )   (   )

练习 03-2 请选出比 提示图 多一个的图片和少一个的图片。

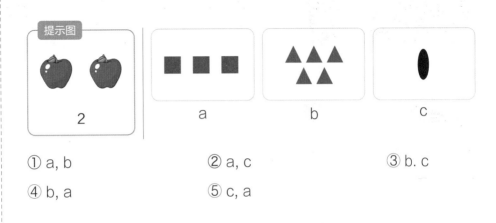

① a, b   ② a, c   ③ b. c

④ b, a   ⑤ c, a

4 二十以下的数

了解0，掌握0的写法和读法

漫画中的数学故事

如果李安买走所有牛奶，那么商店里就
一瓶都不剩。

只能都买下来了。

只有2瓶，怎么算多！

嗯，你要买多少，就在这里装吧。

咦？

你在看什么？

牛奶都没有了。

能用数字表示什么都没有的状态吗？

啊？这就要写成"0"，念成"líng"。

2 er　1 yī　0 líng

小结

什么都没有，就写成0，读líng。

 0 零

练习 04 书写并念出 ▢ 里的苹果数量。

本来有3个苹果。

(3，sān)

李安吃了1个，
剩了2个。

(2，èr)

爱丽丝吃了1个，
剩了1个。

(1，yī)

米卡吃了1个，
没有剩下的水果了。

(，)

练习 04-1 ▸ 数一数牛奶，并在括号（ ）里填写正确数字。

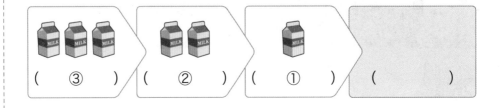

（ ③ ）   （ ② ）   （ ① ）   （   ）

练习 04-2 ▸ 请问下列说法中准确说明'0'的是哪一项?

① 比1个苹果多1个的数量。

② 两个糖块的数量。

③ 比1少1个的数量。

④ 与1相等的数量。

⑤ 念成"èr"。

书写并念出从6到9的数字

漫画中的数学故事

李安和爱丽丝各有9块曲奇。

那么哥哥和我同样有9个，对吧？

对呀。
分别装了9个曲奇。

要不数数看？

是多少个？
多吗？

呃……

怎么了？
很多吗？

小结

了解数字6、7、8、9。

		写		读	
⬤⬤⬤⬤⬤ ⬤	//////	6	6	六	liù
⬤⬤⬤ ⬤⬤⬤ ⬤	///////	7	7	七	qī
⬤⬤⬤ ⬤⬤⬤ ⬤⬤	////////	8	8	八	bā
⬤⬤⬤⬤ ⬤⬤⬤⬤⬤	par/////	9	9	九	jiǔ

练习 ⑤ 请写出扇子的数量。

练习 05-1 • 准确书写并念出图片表达的数量的是哪一项?

① ⭐⭐⭐⭐ ,5, wǔ

② ⭐⭐⭐⭐⭐⭐ ,6,qī

③ ⭐⭐⭐⭐⭐⭐⭐ , 8, liù

④ ⭐⭐⭐⭐⭐⭐⭐⭐ , 8, bā

⑤ ⭐⭐⭐⭐⭐⭐⭐⭐⭐ , 9, wǔ

练习 05-2 • 哪位小朋友准确描述出了 ♡ 的数量。

李安:♡的数量是6,要读成六(liù)或七(qī)。

诺米:♡的数量比5多一个,写成6,读成六(liù)。

爱丽丝:♡的数量是6,是比7多一个的数字。

二十以下的数

了解从1到9的数字顺序

漫画中的数学故事

李安和爱丽丝告诉大家：
要按顺序排队看医生。

小结

用数字表示顺序依次为：第一、第二、第三、第四、第五、第六、第七、
第八、第九。

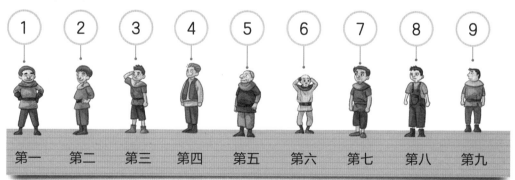

练习 **06** 在 ☐ 里填写准确数字。

2 - 3 - ☐ - 5 - 6 - 7 - ☐

练习 06-1 ◀ 依次表示 ☐ 里数字的序数形式正确的是哪一项？

1 - 2 - 3 - ☐ - ☐ - ☐ - ☐ - ☐

① 第四 - 第五 - 第七 - 第六 - 第八

② 第四 - 第五 - 第六 - 第七 - 第八

③ 第五 - 第四 - 第六 - 第七 - 第八

④ 第五 - 第四 - 第七 - 第六 - 第八

⑤ 第六 - 第七 - 第五 - 第八 - 第四

练习 06-2 ◀ 请先看下列图片，在方框 ☐ 里填写准确数字。

| 草莓 | 葡萄 | 苹果 | 梨 | 香蕉 | 橘子 | 菠萝 | 猕猴桃 | 甜瓜 |

➡ 橘子在从左第 ☐ 个，猕猴桃在从左第 ☐ 个。

7 二十以下的数

比较数字之间的顺序

号码牌上的数字表示顺序。因此
号码牌上的2表示拿药的顺序是
第二。

我来发药，
拿着号码牌等一下。

谢谢。

有点奇怪。

怎么了？

那个叔叔
排在2号。

不是要给
两粒药吗？

排2号只是
意味着……

在第二位顺
序拿药。

小结

表示物体数量和顺序的方法如下。

数字	1	2	3	4	5	6	7	8	9
	一个	两个	三个	四个	五个	六个	七个	八个	九个
顺序	第一	第二	第三	第四	第五	第六	第七	第八	第九

练习 07 谁准确说出了草莓数量?

爱丽丝：草莓一共是五个。

李安：草莓都是第五。

练习 07-1 **请根据提示中数字涂色。**

六个 ➡

第六个 ➡

练习 07-2 **对图片的说明不正确的是哪一项?**

① 汽车数量一共是七辆。

② 橘黄色汽车在从左数第二个。

③ 从左数第四个汽车的下一个顺序是蓝色汽车。

④ 从左数第三个的汽车比第一个的汽车多。

⑤ 从左数第七个汽车是紫色。

了解大1的数字和小1的数字

漫画中的数学故事

爱丽丝要为6个男士患者和1个去洗手间的患者拿药，就是要拿7粒药。而且由于6个女士患者当中有一个马上回家的患者，就要拿比6少1的5粒。

小结

了解大1的数字和小1的数字

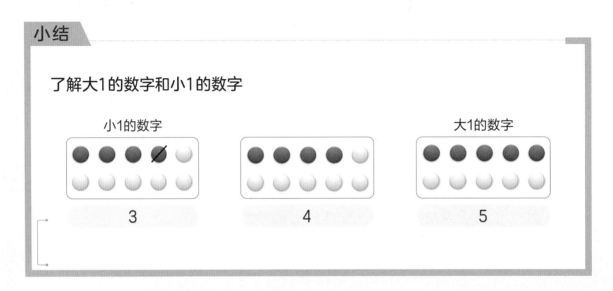

小1的数字		大1的数字
3	4	5

练习 08 在正确的描述右侧打钩 √ 。

8比7	大1	
	小1	

5比6	大1	
	小1	

练习 08-1 画出 ○ 表示下面在描述的数字。

比7大1个的数字 ➡

练习 08-2 对图片的说明不正确的是哪一项？

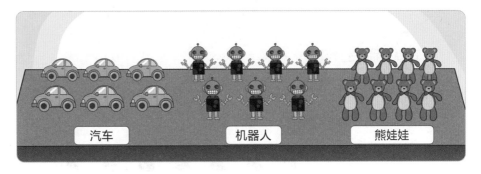

① 比熊娃娃的数量小1的数字是7。

② 比汽车数量小1的数字是5。

③ 汽车的数量是比机器人的数量大1的数字。

④ 比熊娃娃的数量大1的是9。

⑤ 比机器人的数量大1的是8。

二十以下的数

比较从1到9的数字大小

李安有4块曲奇，爱丽丝有7块曲奇，爱丽丝的曲奇更多。

小结

比较从1到9的数字

比较两个数的大小时应该说："大"或"小"。

比较东西的数量时应该说："多"或"少"。

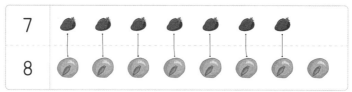

| 7 | 🍓 🍓 🍓 🍓 🍓 🍓 🍓 |
| 8 | 🍊 🍊 🍊 🍊 🍊 🍊 🍊 🍊 |

8比7大, 橘子比草莓多。

7比8小, 草莓比橘子少。

练习 **09**　下面在比较机器人和熊娃娃的数量，如果下面描述准确请打钩"√"，
错的打叉"X"。

➡ 机器人比熊娃娃多。_____

练习 09-1◀　比较两个数字的大小，在更大的数字上画 ○。

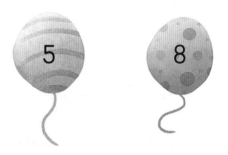

练习 09-2◀　对图片的说明不正确的是哪一项？

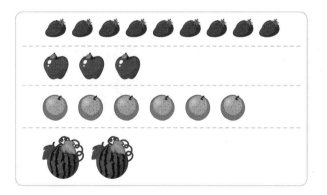

① 草莓比苹果多。

② 苹果比梨多。

③ 梨比草莓少。

④ 西瓜最少。

⑤ 草莓最多。

二十以下的数

以多种方式分解或合并2、3、4、5

漫画中的数学故事

4可以分解成1和3，2和2。

对2的分解和合成

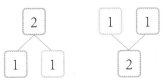

└ 你能把2分解成（1，1）。

└ 如果你对（1，1）进行合并，能得到2。

对3的分解和合成

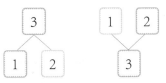

└ 你能把3分解成（1，2）或（2，1）。

└ 如果你对（1，2）或（2，1）进行合并，能得到3。

对4的分解和合成

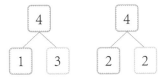

● 你能把4分解成（1，3）或（2，2）或
（3，1）。

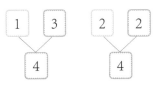

● 如果你对（1，3）或（2，2）或（3，1）
进行合并，就能得到4。

对5的分解和合并

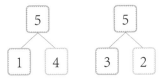

● 你能把5分解成（1，4）或（2，3）
或（3，2）或（4，1）。

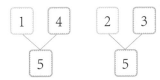

● 如果你对（1，4）或（2，3）或（3，2）
或（4，1）进行合并，能得到5。

练习 ⑩ 把下面的 ♥ 分成两批。请在空白处画出应该要放的 ♥ 。

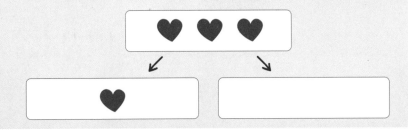

要把两批合成一批,请在空白处填写恰当的数字。

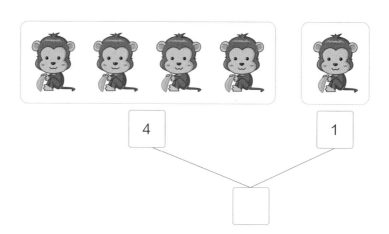

下列选项当中分解或合并错误的是哪一项?

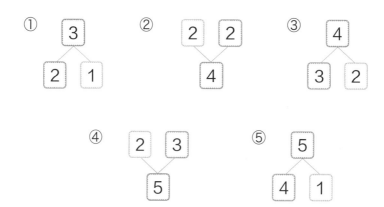

二十以下的数

以多种方式分解或合并6、7、8、9

漫画中的数学故事

8可以分解成1和7，2和6，3和5，4和4。这些数字也可以再合并为8。

对6的分解和合并

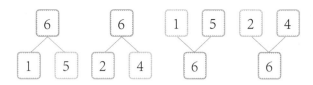

- 你能把6分解成（1，5）或（2，4）或（3，3）或（4，2）或（5，1）。
- 如果你对（1，5）或（2，4）或（3，3）或（4，2）或（5，1）进行合成，能得到6。

对7的分解和合并

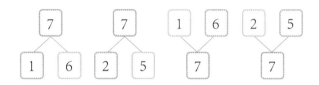

- 你能把7分解成（1，6）或（2，5）或（3，4）或（4，3）或（5，2）或（6，1）。
- 如果你对（1，6）或（2，5）或（3，4）或（4，3）或（5，2）或（6，1）进行合成，能得到7。

对8的分解和合并

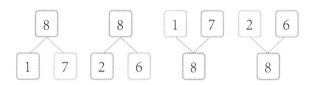

- 你能把8分解成（1，7）或（2，6）或（3，5）或（4，4）或（5，3）或（6，2）或（7，1）。
- 如果你对（1，7）或（2，6）或（3，5）或（4，4）或（5，3）或（6，2）或（7，1）进行合并，能得到8。

对9的分解和合并

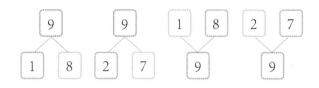

- 你能把9分解成（1，8）或（2，7）或（3，6）或（4，5）或（5，4）或（6，3）或（7，2）或（8，1）。
- 如果你对（1，8）或（2，7）或（3，6）或（4，5）或（5，4）或（6，3）或（7，2）或（8，1）进行合并，能得到9。

練習 11 把左边和右边的橘子都放在一起，再画出 ○ 表示橘子的数量。

练习 11-1 在空白处填写恰当的数字。

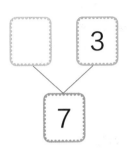

练习 11-2 <u>不能</u>填写在空白处的选项是哪一个？

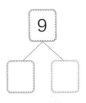

① 4 5   ② 2 8   ③ 3 6

④ 1 8   ⑤ 2 7

二十以下的数

了解10，掌握10的写法和读法

漫画中的数学故事

比9大1的数字写成10，念成十(shí)。

小结

了解10的写法和读法。

> 比9大1的数字叫10。
> 10读成shí。

练习 12 请写出一共有多少个草莓。

_____

练习 12-1 下面说明正确的是哪一项？

① 比8大1个的数字要写成10。

② 10可以念成二十(èr shí)。

③ 10要念成十(shí)。

④ 比9小1个的数字要写成10。

⑤ 比8小1的数字写成10。

练习 12-2 下面说明不正确的是哪一项。

① 比8大2的数字写成10。

② 比7大3的数字写成9。

③ 10念成十（shí）。

相加之后和为10的两个数字

漫画中的数学故事

他们收集到10个生命之石了。李安和爱丽丝要把生命之石带给沃尔特叔叔。10可以分解成1和9，2和8，3和7，4和6，5和5。

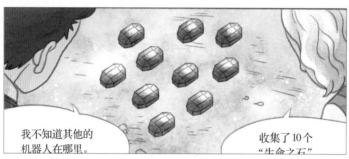

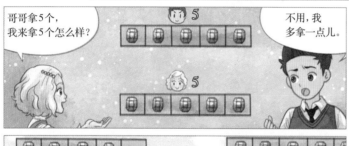

小结

10

- 比9大1。
- 比8大2。

- 10可以分解成（1，9）或（2，8）或（3，7）或（4，6）或（5，5）。
- 合并（1，9）或（2，8）或（3，7）或（4，6）或（5，5）等于10。

练习 ⑬ 请在空白处画 ○表示棒棒糖的数量。

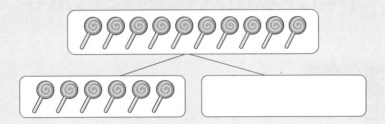

练习 13-1 请问下面 ☐ 里应该填写的数字是多少？

比6大4的数字是 ☐

☐ 是把2和8合并在一起的数。

练习 13-2 下面说明不正确的选项是哪一个？

① 10头羊可以分成3头和7头。

② 合成9个苹果和1个苹果的数量一共是8个。

③ 合成7条鱼和3条鱼的数量等于10条。

④ 10支蜡笔可以分成5个和5个。

⑤ 合成6个草莓和4个草莓的数量等于10个。

书写并念出从11到19的数字

漫画中的数学故事

爱丽丝数一数沃尔特叔叔取出来的生命之石。可是不知道比10大的数字怎么数。把表示10个为1捆的1给先写出来,再写一写单个的数量吧。

小结

写法	读法	
11	shí yī	十一
12	shí èr	十二
13	shí sān	十三
14	shí sì	十四
15	shí wǔ	十五
16	shí liù	十六
17	shí qī	十七
18	shí bā	十八
19	shí jiǔ	十九

练习 **14** 一共有多少个橘子？

练习 14-1 铃铛的数量是多少个？读音正确的选项是哪一个？

① shí èr   ② shí sān

③ shí sì   ④ shí wǔ

⑤ shí liù

练习 14-2 **请写出读错的小朋友的名字。**

写成15，可以说成"今天是15（yī wǔ）号"。

李安

写成16，可以说成"香蕉有16（shí liù）个"。

爱丽丝

写成17，可以说成"有17（shí qī）头狮子"。

吉利

把从11到19的数字分解

漫画中的数学故事

爱丽丝学到怎么数比10大的数字后，觉得很有趣，很简单。李安给爱丽丝出题，让她用生命之石表达13看看。13可以用10个的1份和单个的3个来表达。

小结

数字	10个		单个	
11		1		1
12		1		2
13		1		3
14		1		4
15		1		5
16		1		6
17		1		7
18		1		8
19		1		9

看完图片请在 □ 里填写适当的数字 。

10个的1份和单个的 □ 个叫作14 。

练习 15-1 **对下面图片的说明不正确的是哪一项?**

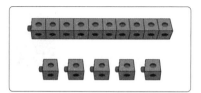

① shí wǔ

② 十五

③ 10个成1份和单个5个

④ 10个成10份和单个5个

⑤ 15

练习 15-2 **对下面图片的说明正确的是哪一项?**

①

棍子10个成1份，单个是8个，一共19个。

②

12枚鸡蛋是10个成1盒和2枚单个的。

16 二十以下的数

了解从1到19的数字顺序

漫画中的数学故事

爱丽丝挑选的机器人的号码是：12
和14之间的数字13。

小结

了解从1到19的顺序。

1	2	3	4	5	6	7	8	9	10
11	12	13	14	15	16	17	18	19	

➡ 12和14之间的数字是13。

练习 16 适合填空的数字是哪一个？

14 – ☐ – 16

① 19　② 15　③ 17　④ 13　⑤ 11

练习 16-1 在 ☐ 分别填写合适的数字。

9 – 11 – 13 – ☐ – ☐

练习 16-2 如果以由大到小的顺序从左到右列出图中的数字，涂上颜色的方框里应该放哪一个数字？

12, 17, 9, 11, 19, 10, 16

➡ ☐, ■, ☐, ☐, ☐, ☐, ☐

① 19　② 17　③ 12

④ 10　⑤ 9

17 二十以下的数

比较从1到19的数字大小

漫画中的数学故事

比较三个数字的大小，
两两做比较会更容易。

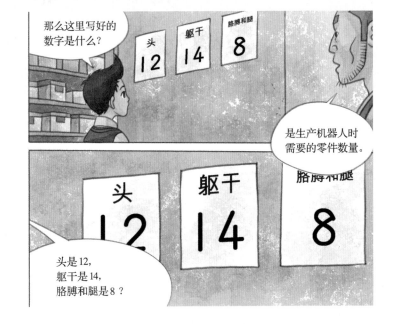

那么这里写好的数字是什么？

是生产机器人时需要的零件数量。

头是12，
躯干是14，
胳膊和腿是8？

小结

7	
11	

➡ 7<11，11>7

读法 7小于11，且11大于7。

13	
18	

➡ 13<18，18>13

读法 13小于18，且18大于13。

13	
16	
14	

➡ 13<14<16，16>14>13

读法 14大于13，且14小于16。

练习 17 请看下面的图片，写出13和17当中更小的数字。

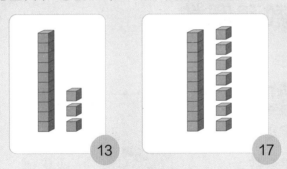

13

17

练习 17-1 请问下面正确比较两个数字大小的是哪一项？

① 11 > 14 。

② 15比19大。

③ 17 < 16 。

④ 12比16小。

⑤ 19比18小。

练习 17-2 对下面表达正确的是哪一项？

15 > 12, 且15 < 17。

① 在15、12、17当中最大的数字是12。

② 在15、12、17当中最大的数字是17。

③ 在15、12、17当中最小的数字是15。

④ 在15、12、17当中最小的数字是17。

⑤ 在15、12、17当中最大的数字是15。

奇数和偶数

漫画中的数学故事

能够两两配对的数字是偶数，
无法两两配对的就是奇数。

小结

偶数和奇数

偶数 像2, 4, 6, 8，……，可以成对的数字叫作偶数。

奇数 像1, 3, 5, 7, 9，……，不能成对的数字叫作奇数。

14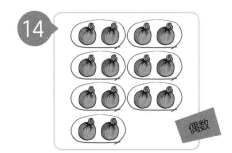

15

练习 18 下面玩具都能成对的是哪一项？

①

②

③

④

⑤

练习 18-1 ▸ 找出所有数字都是偶数的一项。

> 11, 14, 18, 17, 12, 15

① 14, 18

② 18, 12, 15

③ 11, 17, 15

④ 14, 18, 12

⑤ 14, 17, 12

练习 18-2 ▸ 比12大且比18小的奇数一共有多少个？

**思考**

二十以下的数

了解10

题 下面根据某种规则摆放了数字卡片。请先阅读下面问题，仔细思考之后回答问题。

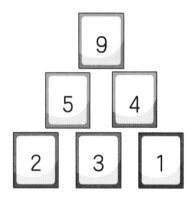

5和4与9有什么关系？

而且5与2和3也有关系吧？

1　请找出摆放数字卡片的规则，并写出你找出规则的根据。

2 请按照刚刚找到的规则，使用从1到9的数字来填空。

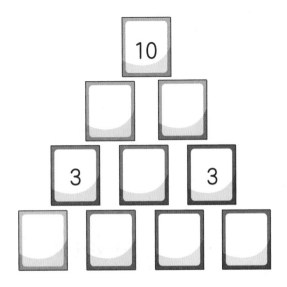

如果用两个数字分解10，具体可以怎么分解？
比如用1和9。

分解10的两个数字当中，无法填入从上往下数第二排空格的是哪一个数字？你这么想的根据是什么？

了解从1到19的数字

题 请根据对话内容圈出李安可能拿着的所有数字卡片。

你猜猜看我拿着的数字卡片是几。
你可以问我4个问题，但我只能回答
"是"或"不是"。

好吧，我开始啦。
那个数字大于10吗？

不是

那个数字是偶数吗？

不是

那个数字大于5吗？

是

现在只剩一次机会了。

1　请根据对话内容圈出李安可能拿着的所有数字卡片。

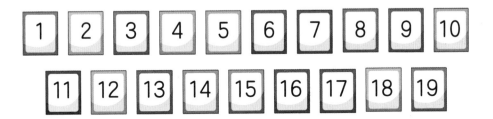

2　请问如果你是爱丽丝，为了找出李安拿着的数字卡片你会问怎么样的问题？

只能问一次了。
你仔细想一下。

※ 仿照李安和爱丽丝的游戏跟朋友和家人一起玩一下数字卡片游戏吧！

了解从1到19的数字

题 李安和爱丽丝玩宾果游戏，在宾果板上自由地填写从1到16的数字。

爱丽丝填完了吗？我们开始吧。

好的，李安哥哥先开始吧。

嗯！该先报什么数字呢？咦，爱丽丝！我发现我填写的宾果板上有数字规律！

数字规则？什么意思？

你看！填写3、6、9、12的一列！这一列在做以3为单位的跳跃数数。

真的？我们玩宾果游戏之前要不先看看其他排列中有怎样的规律？

好！

李安

1	2	3	4
7	14	6	5
11	10	9	8
13	16	12	15

请写出能在李安的宾果板上找出来的数字规律当中的两个。

① _____

② _____

笔记

笔记

图书在版编目（CIP）数据

李安的数学冒险. 二十以下的数 / 韩国唯读传媒著. -- 南昌 : 江西高校出版社, 2021.8（2021.10重印）

ISBN 978-7-5762-1554-0

Ⅰ . ①李… Ⅱ . ①韩… Ⅲ . ①数学 – 少儿读物 Ⅳ . ①O1-49

中国版本图书馆CIP数据核字(2021)第136745号

版权合同登记号：14-2021-0141

策划编辑：刘　童
责任编辑：刘　童
美术编辑：张　沫
责任印制：陈　全

出版发行：江西高校出版社
社　　址：南昌市洪都北大道96号（330046）
网　　址：www.juacp.com
读者热线：(010)64460237
销售电话：(010)64461648

印　　刷：北京瑞禾彩色印刷有限公司
开　　本：787 mm×1092 mm　1/16
印　　张：11
字　　数：150千
版　　次：2021年8月第1版
印　　次：2021年10月第2次印刷
书　　号：ISBN 978-7-5762-1554-0
定　　价：35.00元

赣版权登字-07-2021-956　版权所有　侵权必究